ANNALES DE GÉOLOGIE

ET DE PALÉONTOLOGIE

PUBLIÉES SOUS LA DIRECTION

DU

MARQUIS ANTOINE DE GREGORIO

20 Livraison

(Octobre)

CHARLES CLAUSEN

TURIN — PALERME

1895

ANNALES DE GÉOLOGIE ET DE PALÉONTOLOGIE

PUBLIÉES À PALERME SOUS LA DIRECTION

DU MARQUIS ANTOINE DE GREGORIO

20. Livraison. — Octobre 1895.

DESCRIPTION DES FAUNES TERTIAIRES DE LA VÉNÉTIE

FOSSILES DE LAVACILLE

PRÈS DE BASSANO

des assises de S. Gonini à Conus diversiformis Desh. Ancillaria anomala Schloth. Eburna Caronis Brongt.

(recueillis par Mr Andrea Balestra)

PAR LE

MARQ. ANTOINE DE GREGORIO

CHARLES CLAUSEN

TURIN-PALERME

1895.

Tip. Boccone del Povero

PRÉFACE

Dans la livraison 13 des ces Annales je publiai la description de quelques fossiles des environs de Bassano provenant de plusieurs localités parmi lesquelles de Lavacille.

J'ai dit que la faune de cette localité correspondait bien à celle de S. Gonini. Mr Andrea Balestra eut l'obligeance de m'envoyer une autre collection de la même localitée. Je l'ai examinée et je me suis convaincu qu'elle est tout à fait identique à celle de S. Gonini. Désormais on peut bien considérer ces localités comme parfaitement synchroniques. Parmi les fossiles de Lavacille on trouve quelques espèces des assises de Ronca et quelques autres nouvelles. Mais cela a peu d'importance; car il est très probable que si on exécutera une soigneuse recerche dans les assises de S. Gonini on les retrouvera aussi. D'ailleurs chaque dépôt, même parfaitement syncronique à un autre, contient toujours quelques espèces particulières, comme cela arrive même dans les mers actuelles.

Dans l'ouvrage cité j'ai passé en revue les espèces suivantes:

Panopœa subrecurva Schaur.
Lucina grata Defr.
Crassatella neglecta Michtti.
  „   Lavacillensis De Greg.
  „   trigonula Fuchs.
Astarte corbuloides Fuchs.
Cytherea suberycinoides Desh.
Cyprina compressa Fuchs.
  „   brevis Fuchs.
Cardita Laurae Brongt.
Cardium fallax Michtti.

Cardium anomale Math. var. genuina Schaur.
  „   perplexum De Greg.
Dentalium absconditum Desh.
Fusus polygonus Lamck. var. raricostatus De Greg.
  „   scalarinus Lamck. var. hilarionis De Greg.
Conus alsiosus Brongt. var.
Triton bicinctum Desh.
Natica crassatina Desh.
  „   scaligera Bayan.
Delphinula scobina Brongt. sp.
Rostellaria ampla Brand.

Les espèces décrites dans ce mémoire sont les suivantes:

Lamma cuspidata Ag.
Cancer punctulatus Desm.
Balanus sp.
Strombus vialensis Fuchs var. Lavacillensis De Greg.
Rostellaria ampla Brand. var. Lavacillensis.
Chenopus pescarbonis Brongt.
  „   „   var. Lavacillensis.
Oliva acqualis Fuchs.
Ancillaria anomala Schloth.
Conus alsiosus Brongt.
  „   procerus Reyr. var. perlaevigatus De Greg.
  „   diversiformis Desh.
Conorbis clavicularis Desh.

Conorbis semistriatus Desh. var. Lavacillensis De Greg.
Pleurotoma euthriaeformis De Greg.
  „   antalina De Greg.
  „   „   var. alariopsis De Greg.
  „   iscriptum Schaur. var. musica De Greg.
  „   simplex Desh. var. Lavacillensis.
  „   fusopsis De Greg.
  „   ambigua Fuchs.
  „   attenuata Desh.
Fusus (costulofusus) scalarinus Desh. var. Hilarionis id.
  „   polygonus Lamck. var. Roncanus Brongt.
  „   amarus De Greg.
  „   subcarinatus var. acarinatus De Greg.

Fusus subcarinatus var. miscus De Greg.

" " var. roncanus Brongt.

" sopitus De Greg.

Fasciolaria Lugensis Fuchs.

Triton Delbosi Fuchs var. subnodulosum De Greg.

Murex barattus De Greg.

" typhopsis De Greg.

" pumilis Fuchs.

Cassis scabrida Fuchs. var. Lavacillensis De Greg.

Eburna Caronis Brongt. var. abbreviata De Greg.

Cassidaria ambigua Brand. var. Lavacillensis De Greg.

Marginella Lugensis Fuchs.

Terebellum sopitum Brand.

Natica crassatina Desh.

" scaligera Bayan.

" spirata Lamk. var. improvvida De Greg.

" sp.

Phasianella pinca De Greg.

Diastoma costellata Desh.

Keilostoma turricula (Brug.).

Melania nudopsis De Greg.

Turritella carinifera Desh.

" linda De Greg.

" asperulata Brongt. var. antefuniculata De Greg.

" subula Desh.

" incisa Brongt.

Ceritium Ighinai Michtti.

" lamellosum Brug.

" sp.

Trochus Lavacillensis De Greg.

Voluta elevata (Sow.) Edw. var. normalis De Greg.

Solen plicatus Schaur var. subregularis De Greg.

Solen plicatus Schaur var. Lavacillincula De Greg.

Solecurtus Deshayesi Desh.

Psammobia Lamarcki Desh.

" tellinella Desh.

Tellina donacilla Lam.

Cytherea suberycinoides Desh.

" laevigata Lam. var. subsymetrica De Greg.

Cyprina Morrisi Sow.

" brevis Fuchs.

" contracta Schaur.

Cardita Laurae Brongt.

Corbis major Bayan.

Cardium porulosum Lam.

" anomale Math.

Crassatella plumbea Fuchs.

" " Var. subregularis De Greg.

" maninensis De Greg.

" sinuosa Desh.

" Carcarensis Michtti.

" declivis Michtti.

Pectunculus Lugensis Fuchs.

" depressus Desh.

Nucula sp.

Panopaea subaffinis Schaur.

" " " Var. veretriangularis De Greg.

Leiocidaris itala Laube.

Flabellum appendiculatum Brongt.

Trochosmilia varicosa Reuss?

Trochocyathus aequicostatus Schaur.

" sinuosus Brongt sp.

Nummulites Lucasana Defr.

" Héberti D'Arch.

Ne tenant pas compte des variétés, ce sont 82 espèces. Dans mon premier ouvrage j'en ai passait en revue 22 onze desquelles (celles suivies par un X) sont aussi citées dans le présent mémoire. Donc le nombre total des espèces de Lavacille, connues jusqu'ici, est de 93. Il est probable que d'autres recherches le feront augmenter beaucoup. Pourtant le nombre des espèces est plus que suffisant pour nous donner une idée bien précise de la faune de ces assises qui sont absolument les mêmes que celle du dépôt classique de S. Gonini.

DIAGNOSES DES ESPÈCES

Lamna cuspidata Ag. ?
Pl. 1, f. 3.

Je rapporte à cette espèce une petite dent laminaire, allongée, aiguë. M' Schauroth, (Coburg p. 38, f. 12) a figuré un exemplaire de Schio qui ressemble beaucoup à notre exemplaire, mais celui-ci a une dimension beaucoup plus petite.

Cancer (Harpactocarcinus) punctulatus Dem.

De Gregorio. Note sur cert. crustacés p. 10, pl. 1, f. 1-4, pl. 2, f. 1-6.

Je rapporte à cette espèce deux fragments la détermination desquels est très, douteuse.

Balanus sp.

J'ai observé quelques exemplaires parassites du Fusus subcarinatus Lamck., mais je n'ai pu déterminer l'espèce à laquelle doit-on les référer.

Strombus vialensis Fuchs.
Var Lavacillensis De Greg.
Pl. 2, f. 6 a b.

Fuchs Vicent. p. 36, pl. 4, f. 3-4.

Analogue du *St. rugifer* Fuchs (Vicent. pl. 3, f. 26), il en diffère ayant les tours carénés (la carène consiste en un crête anguleuse tout près des la suture antérieure pourrue de côtes tubercleformes) et ayant le dernier tour lisse au lieu que ridé. Notre exemplaire est plus voisin du *Str. rialensis* Fuchs dont je le considère comme une variété. Il en diffère par la carène plus anguleuse. Notre exemplaire est très intéressant car il conserve encore la couleur qui consiste en des petits points noirâtres sur un fond blanc grisâtre. On voit cela sur le dos de la coquille (fig. 6 a).

Rostellaria ampla Brand.
Var. Lavacillensis De Greg.

1894. De Gregorio Foss. envir. Bassano p. 33, pl. 5, f. 131.

Quelques fragments.

Chenopus pescarbonis Brongt.

Brongnart Vicent. pl. IV, f. 2.

Un exemplaire cassé, mais dont la détermination est presque sure. Les côtes des tours se transforment en le dernier tous en trois rangées spirales de tubercules.

Idem.

Var. Lavacillensis De Greg.

Pl. 2, f. 6.

Cette variété diffère du type par sa forme plus trapue et par la carène du dernier tour beaucoup plus prononcée.

Oliva aequalis Fuchs

Fuchs Vicent. p. 49, pl. 27-28.

Je rapporte à cette espèce de S. Gonini un petit exemplaire qui lui ressemble beaucoup.

Ancillaria anomala (Schloth) Fuchs

1820. *Volutites anomalus* Schlothein Petr. p. 121. — 1853. Anc. *grandiformis* Beyr (non Lam.). Beyrich Nord. Tert. p. 43, pl. 2, f. 5. — 1862. Idem Speyer Cass. tert. p. 9, pl. 1, f. 9-10. — 1870. Fuchs Vicent. p. 48.

Je propose de réunir les initiales de Fuchs à celles de Schlothein, car c'est lui qui a fait une étude soigneuse de cette espèce. J'en ai examiné deux fragments bien reconnaissables.

Conus alsiosus Brongt.

Brougnart Vicent. p. 61, pl. 3, f. 3. — Fuchs Vicent. p. 52, pl. 8, f. 10-11. — De Gregorio Foss. Bassano p. 50 ; pl. 5, f. 116.

L'exemplaire que j'ai sous mes yeux est typique, il correspond très bien à la figure de Fuchs.

Conus procerus Beyr.

1853. Beyrich Nord. Tert. p. 27, pl. 1, f. 7.
1860. Edward Eoc. Moll. p. 202, pl. 25, f. 1.
1865. Koenen Helmstadt p. 485.
1870. Fuchs Vicent. p. 52.

Var. perlaevigatus De Greg.

Pl. 1, f. 16.

Notre exemplaire correspond à la figure de Beyrich, mais il a la spire à peine plus.raccourcie et il manque des stries antérieures.

Conus diversiformis Desh.

De Greg. Foss. Bassano p. 19.

Les exemplaires qui m'ont été envoyés par M.r A. Balestra correspondent bien à ceux figurées par Deshayes (Coq. Paris pl. 98, f. 9-10).

Conorbis clavicularis Desh.

Quelques exemplaires identiques des figures 15-16 (Deshayes Coq. Paris pl. 69, f. 15-16).

Conorbis semistriatus Desh.

Var. Lavacillensis De Greg.

Pl. 1, f. 7, gross.

Quelques exemplaires identiques du type des Deshayes (Coq. Paris pl. 69 , f. 5-6) ; ils en diffèrent par le sillon postérieur plus profond et par les cordonnets spiraux de la base granuleux.

Plurotoma Euthrieformis De Greg.

Pl. 1, f. 1 a b

Très élégante coquille avec le forme d'une Euthria. Elle est fusiforme avec la surface ornée de stries spirales très denses et serrées. Les tours sont postérieurement concaves ; antérieurement convexes ; les premiers tours ont la convexité antérieure pourvue de plis. Le dernier tour a la base pourvue de cordonnets spiraux granuleux. L'échancrure est profonde, arrondie, coïncidant avec la partie plus convexe des tours.

Pleurotoma antalina De Greg.

Pl. 1, f. 2 a b grand. nat. et gross.

C'est une jolie coquille qui est voisine de la Pl. euthrieformis. De Greg., dont elle diffère par l'ornementation un peu différente. Elle a en effet une carène bien marquée de petits plis du sommet jusqu'au dernier tour inclusif. La partie postérieure des tours est aussi concave, mais au sur plus elle est ornée de rides obliques pliformes. La base du dernier tour est ornée par des cordonnets spiraux granuleux comme dans l'espèce citée, mais il faut ajouter que dans l'antalina il y a un filet spiral dans chaque interstice.

Cette espèce est très voisine de la Pl. ligata Edw. surtout in Koenen (1890. Nord. unterolig. p. 393 , pl. 29 , f. 3-5) de laquelle elle diffère à cause des granules du dernier tour et par la forme des côtes qui disparaissent rapidement.

Var. alariopsis De Greg.

Pl. 1, f. 2 bis.

C'est une coquille très élégante, qui (lorsque l'ouverture est cassée) paraît appartenir au genre Alaria dont elle a l'ornementation. Elle est turriculée ; les tours concaves, près de la suture antérieure il sont convexes ou pour mieux dire carénés. La carène consiste en une rangée saillante de petits plis crénuliformes. La surface est ornée de petites stries spirales et de rides linéaires serrées et marquées lesquelles sont très sinueuses car l'échancrure est très profonde et coïncide avec l'angle de la carène.

Cette coquille est analogue de plusieurs espèces du Bassin de Paris, mais elle n'est pas identique d'aucune d'elles. Auparavant je croyais que c'était une espèce distincte de l'antalina , mais ensuite je me suis convaincu que c'est une variété.

Pleurotoma iscriptum Schaur.

Var. musica De Greg.

Pl. 1, f. 5, grand. nat. et gross.

Coquille fusiforme, allongée, pourvue de sillons spiraux réguliers et marqués. Les côtes sont pliformes, régulières, liriformes, un peu courbées s'arrêtant brusquement avant d'atteindre la suture. Les tours sont plutôt applatis, dans la partie postérieure, à cause du défaut des côtes, ils semblent excavés. C'est dans cette dépression qu'on trouve l'échancrure du bord externe de l'ouverture.

Je ne possède de cette espèce qu'un exemplaire en mauvais état, néanmoins il me paraît différent de ses congénères avec plusieurs desquelles il a beaucoup d'analogie.

Notre exemplaire ressemble beaucoup à la figure de la *Pl. iscriptum* Schaur. (Coburg p. 234, pl. 24, f. 8) et je crois que doit on la considérer comme sa variété, pourtant elle présente des différences, car le type de Shauroth a les côtes plus faibles et terminées dans la partie postérieure en un tubercule ce qui manque dans notre variété.

Pleurotoma (Raphitoma) simplex Desh.

Var. Lavacillensis De Greg.

Pl. 1, f. 6.

Deshayes Coq. Paris pl. 68, f. 10-12.

Petite coquille piriforme pourvue de plis axiaux, obliques, faibles, qui postérieurement s'effacent. L'echancrure est tout près de la suture. Les tours sont peu convexes.

Nos deux exemplaires ressemblent beaucoup au type du Bassin de Paris, mais leurs côtes sont plus faibles.

Pleurotoma (Raphitoma) fusopsis De Greg.

Pl. 1, f. 4.

Coquille fusiforme allongée, pourvue de côtes très larges arrondies et marquées (environ 8 à chaque tour). Canal de l'ouverture très allongé, et droit. Tours postérieurement marginés, excavés tous près de la suture postérieure. Echancrure près de la suture pas trop profonde.

Cette espèce paraît absolument un fusus. On pourrait la rapporter à ce genre si on n'observât pas les signes d'accroissement qui nous empêchent de la référer à ce genre.

Elle est très voisine de la *Pl. obeliscoides* Schaur in Fuchs de laquelle elle diffère par le canal plus allongé et par l'échancrure plus voisine de la suture.

Pleurotoma ambigua Fuchs

Fuchs Vicent. p. 53, pl. 9, f. 37-38.

Un petit exemplaire absolument identique de l'espèce de Fuchs de S. Gonini.

Pleurotoma (Raphitoma) attenuata Desh.

Desh. Coq. Paris Pl. 68, f. 6-8.

J'en ai examiné un petit exemplaire qui correspond très bien aux exemplaires de Paris.

En outre j'ai examiné trois exemplaires en mauvais état de conservation qui probablement appartiennent à la même espèce.

Fusus (Costulofusus) scalarinus Desh.

Var. Hilarionis De Greg.

Pl. 1, f. 13 *a b*

De Gregorio Fossiles environs Bassano p. 29, pl. 5, f. 113-114.

Je me rapporte à tout ce que j'ai dit à propos de cette espèce dans mon ouvrage sur Bassano et dans celui sur S. Giov. Ilarione. Je dois ajouter que l'exemplaire que j'ai sous mes yeux a une grande taille. Il ressemble tout à fait à celui figuré par Deshayes (Coq. Paris pl. 73 , f. 27-28). Il en diffère seulement ayant les côtes axiales assez plus nombreuses. C'est par ce caractère qu'il diffère aussi du *F. subscalarinus* D'Orb.(Deshayes Bassin p. 290, pl. 85, f.3-6) avec lequel il a beaucoup d'analogie. Mr Fuchs décrit cette espèce de S. Gonini adoptant le nom de *costellatus* Grat. Il rapporte comme synonymes le *F scalariformis* Nyst, *brevicauda* Phil. , *lyra* Beyr. *plicatulus* Grib. Mais ayant examiné la figure du *costellatus* Grat. (Grateloup Adour pl. 36, f. 42) il me semble qu' elle n'est pas bien exécutée et que l'ouverture de celle-ci et son bord externe présentent quelques différences, de sorte que l'identification réussit incertaine. Je crois qu' il est mieux retenir le nom de *Fusus subscalarinus* (D'Orb.) Desh.

Fusus polygonus Lam.

Var. *roncanus* Brongt.

Brongnart Vicent. pl. 4, f. 3 *a b.*

J'ai sous mes yeux un exemplaire qui correspond bien aux figures de Brongnart.

Fusus amarus De Greg.

Pl. 1, f. 12.

De Gregorio S. Ilarione p. 88, pl. 7, f. 50. Oppenheim Mr Pulli p. 406, pl. 28, f. 12 (approximatus Desh.).

Nos exemplaires correspondent très bien au type de S. Hilarion. Ils ressemblent beaucoup au *Fusus obliquatus* Desh. (Coq. pl. 74, f. 13-14) même pas la forme des côtes; ils diffèrent de celui-ci seulement par l' ouverture antérieurement plus étroite.

Il ressemblent beaucoup au *Fusus approximatus* Desh. (Bassin p. 262 — *Fusus intortus* Desh. var. Coq. Paris pl. 73, f. 10-11). Ils en diffèrent à cause des cordonnets spiraux, qui dans notre espèce sont plus espacés et beaucoup plus marqués, lyriformes. C'est par ce caractère qu' ils ressemblent beaucoup au *Fusus rugosus* Desh. var. (Deshayes Coq. Paris pl. 75 , f. 10-11). Ils diffèrent de cette variété par les côtes qui dans celui-ci n' arrivent pas jusqu' à la suture postérieure comme dans les nôtres, et par le dernier tour qui dans cette variété est plus développé que dans nos exemplaires.

Fusus (Melongena) subcarinatus Lamck.

Pl. 1, f. 8-10 (f. 8, var. miscus.— f. 9, var. acarinatus; — f. 10, var. roncanus).

C'est une des principales espèces de l'éocène qui est très variable dans ses caractères de sorte qu'on pourrait croire qu'on dût avoir affaire avec des espèces différentes. Mr Cossmann (Cat. Ill. Coq. foss. v. 4 , p. 165) rapporte à la même espèce le *F. acutus* Desh. (Coq. Paris pl. 77, f. 5-6).

Var. *acarinatus* De Greg. Cette variété ressemble beaucoup aux figures 11-12 (pl. 77 Deshayes Coq. Paris) elle en diffère par les côtes moins nombreuses, plus noduleuses et non coniques, et par l'absence de la carène.

Var. *miscus*. Cette variété ressemble beaucoup aux figures 13-14 de Deshayes (Loc. cit.). Elle en diffère ayant les deux derniers tours dépourvus de carène. Le funicule qui la représente dans le commencement de l'avant dernier tour se rapproche de la suture antérieure disparaissant dessous d'elle. L'avant dernier tour et presque applati ou pour mieux dire beaucoup moins convexe qu'à l'ordinaire et il est pourvu de rides axiales marquées dans la partie postérieure des tours.

Var. *roncanus* Brongt (Brongnart Vicent. pl. 6, f. 1 *b*). Les figures de Brongnart *a b* diffèrent entre elles ; je retiens comme type la figure 1 *b*. Mr Cossmann (Cat. Ill. v. 4) dit qu' il ne peut retenir cette variéé à cause de la variabilité de l'espèce. Brongnart dit que ses exemplaires ne diffèrent de ceux de Paris qu'à cause de la dimension plus considérable. Mais cela n'a aucune importance et ce n'est pas vrai, car même a Paris il atteint une grande dimension. C'est a cause de la forme des côtes et de la spire que je retiens cette variété.

Fusus sopitus De Greg.

Pl. 1, f. 11.

Coquille allongée, ornée de stries spirales; dernier tour antérieurement décroissant avec une ouverture relativement étroite. Les côtes sont rares (6 dans le dernier tour), très marquées, moins larges que les interstices, anguleuses et subcarénées.

Je n'ai de cette espèce qu'un fragment, mais il présente des caractères distincts à cause de la forme de côtes et plus encore à cause de la forme du dernier tour et de l'ouverture.

Fasciolaria Lugensis Fuchs.

Je rapporte à cette espèce quelques exemplaires qui correspondent bien aux figures de Fuchs. 16-18. Dans nos exemplaires on ne peut voir le plis columellaires, car ils sont entassés dans la roche; mais il y a lieu à supposer qu'ils en sont pourvus. Je ne suis pas sûr de cette détermination à cause de l'analogie très étroite avec le *Fusus breviculus* Desh.

La *F. Lugensis* mi semble identique de la *F. fusoidea* Michtti in Schauroth (Coburg p. 239, pl. 24, f. 8) de Lugo-

Triton Delbosi Fuchs

(au bicinctus Desh. var. ?)

Pl. 1, f. 21.

Fuchs Vicent. pl. 9, f. 7-8. Var. *subnodosum* De Greg.

Cette variété diffère du type de Fuchs ayant les côtes du dernier tour un peu plus courtes et plus noduleuses. Notre exemplaire se rapproche du *T. bicinctus* Desh. Comme j'ai dit dans mon ouvrage sur Bassano (1894 p. 30) à propos de cette espèce, il est probable qu'on doit retenir l'espèce de Fuchs comme une forte variété du *bicinctum*.

Murex barattus De Greg.

Pl. 1, f. 14 a b.

Coquille triangulaire, fusoïde, spiralement striée; pourvue de trois varices bien marquées en trois séries régulières se correspondant l'une à l'autre et de trois côtes subnoduleuses une à chaque interstice. Les varices sont un peu épanchées mais pas épineuses ni ailées. L'ouverture est petite ovoïde. Le bord externe est intérieurement denté. Le canal antérieur est étroit et droit.

Murex typhopsis De Greg.

Pl. 1, f. 15.

Coquille très élegante, subturbiforme, ressemblant beaucoup au genre Typhis. Les tours ne sont pas costulés mais pourvus d'une rangé d'épines cylindriques régulières. Dans le dernier tour il y a deux rangées d'épines.

Quoique je n'ai sous mes yeux qu'un seul exemplaire de cette espèce en mauvais état de conservation je n'ai pas voulu le négligér non seulement car je désire faire connaître toutes les espèces de notre faune, mais car il présente des caractères très particuliers par lesquels il se distingue aisément de tous ses congénères. Il appartient au type du *Murex calcitrapa* Lam. Il en diffère par le défaut des côtes et par les deux rangées d'épines du dernier tour tandis que dans le calcitrapa il y'en a une seulement.

Murex pumilis Fuchs.

Fuchs Vicent. f. 56, pl. 9, f. 1-2.

J'ai sous mes yeux deux exemplaires qui correspondent très bien avec le type de Fuchs.

Cassis scabrida Fuchs

Pl. 1, f. 18.

Coquille ovalaire, très solide, élégante, pourvue de stries spirales. Le dernier tour est pourvue de quatre raugées spirales de nodosités très marquées costiformes par lequel caractère elle diffère beaucoup de la *scabrida* Fuchs. L'ouverture est étroite, ses bords sont épaissis, le bord droit est pourvu de dents intérieures, le bord columellaire est pourvu de rides pliformes; dans la partie médiane il est un peu excavé.

Peut-être pourrait-on considérer cette coquille come appartenant à une espèce différente de celle de Fuchs. Mais je ne l'ai pas fait, car quoique les nodosités lui donnent un aspet différent, le facies est le même et les caractères plus importants se correspondent bien.

Cette variété est très importante, car nous fait croire que la *C. vicetina* Fuchs, avec laquelle elle a aussi des grandes affinités, est liée au même type. Notre variété diffère de celle-ci par la dimension plus petite et par les dents du labre externe qui dans celle-ci sont plus développées.

Certaines cassis du tertiaire supérieur ressemblent beaucoup à cette forme.

Eburna Caronis Brongt.

Var. abbreviata De Greg.

Brongnart Vicent. pl. 3, f. 10. Schauret Coburg. pl. 23, f. 9 (Buccinum Caronis).

L'exemplaire que j'ai sous mes yeux diffère du type par sa spire plus raccourcie et par le bourrelet antérieur qui aboutit à l'échancrure du canal. Mais il appartient sans doute à l'espèce de Brongnart.

Cassidaria ambigua Brand.

Var. Lavacillensis De Greg.

Pl. 1, f. 20.

= Buccinum ambiguum Brander 1776, — Cassis striata (Sow.) Brongt 1823, — Cassis affinis Phil. 1851.

Nos exemplaires correspondent exactement avec le type figuré par Brander, mais ils en diffèrent ayant deux rangées de petits tubercules dans la partie postérieure du dernier tour (tandis que dans celui il y en a une seulement) et par les petits plis axiaux de la spire.

Marginella Lugensis Fuchs

J'ai examiné deux exemplaires qui correspondent très bien au type de S. Gonini, mais à cause de l'érosion qu'ils ont subie, on n'y voit aucun pli colunullaire.

Terebellum sopitum Brand?

Un petit fragment très douteux. Je ne suis même sûr du genre auquel doit-on le référer. En effet il pourrait aussi appartenir à la *Bulla Fortisi* Brongt.

Natica crassatina Desh.

J'ai sous mes yeux un bon exemplaire de cette espèce; il paraît qu'il diffère du type de Deshayes, car on n'y voit pas l'élargement de la callosité de la base qui est caractéristique; mais cela est causé par la couleur basaltique du test. Lorsque on baigne sa surface avec de l'eau, on peut le distinguer. On retrouve aussi cette espèce à S. Gonini.

Natica scaligera Bayan

Bayan et fait écol. Min. v. 2, pl. 14, f. 3.

Je n'en ai examiné qu'un seul exemplaire. Il correspond bien à la figure de Bayan, mais il a l'ouverture un peu plus étroite; il est probable que cela dépend de quelque compression qu'il a souffert pendant da fossilisation. Cette espèce est très voisine de la *Natica spirata* Lamck. de sorte qu'il n'est pas difficile qu'on doit finir pour la considérer comme sa variété. Mr Fuchs cite parmi les fossiles de S. Gonini cette dernière espèce. Il n'est pas impossible qu'il avait entre ses mains la scaligera. Mr Bayan donne pour habitat de cette espèce Salcedo.

Natica spirata Lam.

Var. improvvida De Greg.

Pl. 1, f. 19.

Coquille arrondie; spire aiguë conique, étagée raccourcie; suture très profondément canaliculée, dernier tour arrondi large et raccurci; ouverture latéralement courbée.

Notre exemplaire diffère de la spirata ayant la suture très profondément canaliculée, et ayant le dernier tour et l'ouverture beaucoup moins érigée. Je n'ai pas considéré notre échantillon comme une simple variété, car ses caractères ont été exagérés par la compression de la roche pendant la fossilisation.

Natica n. sp.

Pl. 1, f. 17.

C'est probablement une nouvelle espèce du groupe de l'epiglottina et de la glaucinoides différant de toutes les deux à cause de l'absence du bourrelet de l'ombilic.

Phasianella pinea De Greg.

Pl. 1, f. 2 *a b.*

Coquille conoïde allongée, un peu pupoïde, lisse. Spire aiguë; tours presque plans; dernier tour allongé, subcylindrique. Ouverture étroite antérieurement arrondie. Suture marquée linéaire mais non canaliculée.

Cette coquille nous rappelle la *Ph. circumphossa* Rauff de Mt Postale (De Greg. Mt Postale pl. 5, f. 143-144) de laquelle elle diffère par la suture non canaliculée.

Diastoma costellata (Lamh.) Desh.

Deshayes Bassin Paris v. 2, p. 423. — Melania costellata Lam. = Melania elongata Brongt. = Chemnitzia costellata D'Orb.

J'ai examiné un exemplaire de cette espèce dont la détermination est certaine. Elle se trouve aussi a Mt Viale et a S. Gonini etc.

Keilostoma turricula (Brüg.) Desh.

Deshayes Bassin v. 1, p. 424.

Je n'en ai examiné qu'un seul exemplaire mais tel qu'on reconnait bien l'espèce à laquelle doit on le référer. J'ai réuni les initiales de Deshayes à celles du Bruguière, car c'est lui qui en a revengé la priorité.

Cette espèce n'est pas rare dans les assises éocéniques de S. Hilarion.

Melania nudopsis De Greg.

Pl. 2, f. 5.

Coquille conoïde, allongée pupoïde. Premiers tours pourvus de côtes axiales; derniers tours spiralement striés; les stries sont linéaires, profondes, régulières éloignées l'une de l'autre. Le dernier tour subcylindroïde. L'ouverture est très étroite postérieurement un peu sinueuse et anguleuse.

Cette espèce par sa forme et dimension ressemble à la *Mel. lactea* Lam. (Desh. Coq. Paris pl. 13 , f. 1-2) mais elle est plus pupoïde. D'ailleurs celle-ci est lisse, tandis que notre espèce a la surface très ornée.

Cette espèce ressemble beaucoup à certaines variétés du *Cer. striatum* (= Cer. nudum). Elle s'en distingue par la forme de l'ouverture et par l'angle spiral plus large.

Turritella carinifera Desh.

Un fragment la détermination duquel est probablement exacte.

Turritella linda De Greg.

Pl. 2, f. 3.

Coquille cylindro-conique à spire très aiguë, avec des tours *très plans* avec des sutures linéaires. C' est l'applatissement des tours qui caractérise cette espèce; ils ne font aucune saillie de sorte que le profil latéral de la spire est tout à fait droit. Néanmoins lorsqu'on regarde la surface avec la loupe on voit quelques filets linéaires spiraux et tout près de la suture antérieure on voit une très petite costule spirale.

Turritella asperulata Brongt.

J'en ai examinée trois fragments typiques très caractéristiques déterminés par Mr A. Balestra. Cette espèce se retrouve à S. Gonini.

Var. *antefuniculata* De Greg.

Pl. 2, f. 4.

Elle diffère du type de l'espèce ayant le cordonnet antérieur plus marqué que les autres; c'est à dire que de ses sillons spiraux celui qui est plus près de la suture antérieure est plus développé que les autres.

Turritella incisa Brongt.

J'en ai examiné 8 fragments typiques qui ont été bien déterminés par Mr A. Balestra. Cette espèce se retrouve à S. Gonini.

Turritella subula Desh.

Je rapporte à cette espèce un petit exemplaire pas bien conservé qui ressemble beacoup au type figuré par Deshayes Coq. Paris (pl. 37, f. 15-16).

Cerithium Ighinai Michtti

1861. Michelotti Mioc. inf. p. 125, pl. 13, f. 3-4.
1870. Fuchs Vicent. p. 20, pl. 6, f. 20-23.

Je n'en ai examiné que deux exemplaires qui ressemblent beaucoup à cette espèce. Je ne suis tout a fait sûr de sa détermination car il sont antérieuremeut cassés, mais elle est probablement exacte. Cette espèce se retrouve a Mt Viale.

Cerithium lamellosum Brug.

J'ai observé un bon exemplaire de cette espèce si répandue, la détermination duquel ne me laisse aucun doute.

Cerithium n. sp.

C'est une nouvelle espèce dont je ne puis donner les caractères à cause du mauvais état de conservation du fragment que j'ai sous mes yeux. Il a les tours très étroits et applatis pourvus d'une côte spirale.

Trochus Lavacillensis De Greg.

Pl. 2, f. 1 a c.

Coquille convexe, plutôt déprimée, élargie. Surface ornée par des stries denses d'accroissement. Spire convexe. Tours presque applatis, le dernier convexe, subarrondi à la périphérie, applati à la base et ombéliqué.

Cette espèce est très voisine du *Trochus carinatus* Borson (Borson orit. Piem. p. 84, pl. 2, f. 2. — Brongnart Vicent. p. 56, pl. 4, p. 5). Il ressemble plus à la figure de Brongnart que à celle de Borson. Mais l'exemplaire figuré par Brongnart doit être une variété du même carinatus, car il provient même de la Colline de Turin ; il faut ajouter que si dans la figure de Brongnart on ne voit pas bien la carène, il a noté dans la description que la carène du dos est très remarquable et plus sensible encore que dàns la figure. Ce caractère est bien visible dans la figure de Borson dont voilà la définition textuelle: *Testa conica crassiuscula; anfractibus margine inferiori carinato, altero subconvexo.*

Or dans notre espèce on ne voit pas aucune carène. D'ailleurs elle est pourvue d'un grand ombilic qui n'est pas visible dans l'espèce de Borson, où il est recouvert par une callosité.

Voluta elevata (Sow.) Edw.

Var. Suessi (Fuchs) De Greg.

= Vol. Suessi Fuchs Vicent. pl. 8, f. 1. — 1894 De Gregorio Foss. Bassano p. 33.

Ayant examiné quelques variétés de l'*elevata* Sow., certaines desquelles j'ai nommé dans l'ouvrage cité, je me suis convaincu qu'on doit retenir l'espèce de Fuchs comme une variété de celle de Sowerby. Cette espèce de S. Gonini est très bien représenté à Lavacille.

Var. normalis De Greg.

1894. De Greg. Foss. Bassano p. 33, f. 129-130. — *Voluta imbricata* Schaur. Coburg pl. 25, f. 40 tantum.

Quelques exemplaires qui correspondent au tipe de notre variété. Je dois observer à propos de celle-ci que la *Voluta imbricata* de Schauroth (Coburg p. 241, pl. 25, f. 4) est un synonyme de *V. elevata* Sow. Notre variété normalis correspond à la figure 4 c de Schauroth. Or cette figure dans l'explication du test de l'ouvrage, de Schauroth et dans le test est rapporté à la var. *raricostata*. Alors il semble qu'on devrait nommer cette variété ainsi: *Voluta elevata* Sow. var. *raricostata*. Mais il y a une difficulté: l'auteur non seulement l'a rapporté à un autre genre, mais je suis sûr qu'il a équivoqué dans l'explication du test et dans le test, je crois bien que le nom de raricostata convient à sa figure 4 d et celui de elongata à la figure 4 c. — C'est pour ça que j'ai cru mieux retenir notre variété *normalis*.

Voluta elevata Sow.

n. var.

C'est une nouvelle variété de la même espèce de grande dimension et acec du côtes plus marquées qu'à l'ordinaire. Je ne puis pas dire davantage, car je n'en ai examiné qu'un exemplaire très mal conservé.

Solen plicatus Schaur.

Var. *subregularis* De Greg.

Pl. 2, f. 17.

1894. De Greg. Foss. Bassano p. 18, pl. 2, f. 54-55.

Un exemplaire en partie cassé, mais dont la détermination ne présente aucun doute.

Idem Var. *Lavacillincola* De Greg.

Pl. 2, f. 16.

Coquille très allongée et étroite, qui pourrait être considérée comme une espèce distincte. Mais, comme je n'en ai observé qu'un seul exemplaire pas en bonne conservation et puisque le *S. plicatus* est une espèce très variable, je l'ai réferé " pro modo „ à la même espèce. Mais peut-être il aurait été mieux le considérer comme *Solen Lavacillincola*. Il diffère de notre variété subregularis par sa forme plus étroite et allongée.

Solecurtus Deshayesi Dssm.

De Greg. Foss. Bassano p. 19, pl. 2, f. 56. = strigilatus (Lam.) Desh.

Je rapporte à la même espèce un autre exemplaire en partie cassé.

Psammobia Lamarckii Desh.

Deshayes Coq. Paris v. 1, pl. 2, f. 24-26. *Solen effusus* Lam. — Deshayes Bassin Paris v. 1, p. 376. *Psammobia Lamarckii*.

Noire exemplaire ressemble beaucoup à l'espèce citée, mais je ne suis pas tout à fait sûr de son non spécifique.

Psammobia tellinella Desh.

Deshayes Bassin Paris. — Deshayes Coq. Paris p. 28, pl. 4, f. 1-2. *Solen papyracea* Desh. — Deshayes Bassin Paris p. 372 (*Psam. tellinella*).

Je rapporte a cette espèce deux exemplaires en mauvais état de conservation qui lui ressemblent beaucoup.

Tellina donacilla Lam.

Pl. 2, f. 13 *a c.*

Deshayes Coq. Paris pl. 12, f. 11-12.

Je rapporte à cette espèce un exemplaire qui lui ressemble beaucoup. Comme les deux valves sont très adhérentes je n'ai pu observer la charnière. C'est pour ça que je ne suis pas tout à fait sûr de sa détermination.

Cytherea suberycinoides Desh.

Pl. 2, f. 10.

Deshayes Coq. Paris pl. 22, f. 8-9. — De Gregorio Bassano p. 22, pl. 3, f. 71.

Notre bel exemplaire correspond bien au type de Deshayes, mais je n'en ai pu examiner la charnière. Mr Fuchs rapporte parmi les fossiles de S. Gonini la *C. Héberti* Desh. (Deshayes Bassin pl. 30, f. 14). Cette espèce ressemble beaucoup à la *subcrycinoides* et par conséquent même à notre exemplaire.

Cytherea laevigata Lam.

Var. subsymetrica De Greg.

Pl. 2, f. 12.

Deshayes Coq. Paris pl. 20, f. 12-13.

Notre exemplaire ressemble beaucoup au type de l'espèce à laquelle je l'ai référé mais il a le diamétre umboventral plus petit et par conséquent la forme plus elliptique. Le crochet est moins proéminent et plus central de sorte que la valve paraît équilatérale.

Cyprina Morrisi Sow.

Fuchs Vicent. p. 64, pl. X, f. 11.

Un exemplaire qui ressemble beaucoup à la figure de Fuchs, mais un peu plus étroit.

Cyprina brevis Fuchs.

Fuchs Vicent. pl. XI, f. 1.

Je n'en ai examiné qu'un seul exemplaire. Il ressemble au tipe de Fuchs; seulement il a le crochet un peu plus érigé et oblique; mais il est probable que cela depend de compression accidentale pendant la fossilisation.

Cyprina contracta Schaur.

Cyprina striatissima var. contracta Schaur. Coburg p. 213, pl. 20, f. 11 tantum.

Schauroth donne deux figures différentes pour type la figure 11 qui est plus caractéristique et qui ressemble tout à fait à notre exemplaire. Pourtant je ne suis pas sûr de cette espèce car il me semble qu'elle ne soit bien définie.

Cardita Laurae Brongt.

Brongnart Vicent. p. 80, pl. 5, f. 3.
Fuchs Vicent. p. 66, pl. 14, p. 13-15.

De Gregorio Bassano p. 22.

J'ai déja fait connaître la présence de cette jolie espèce dans les environs de Bassano.

Corbis major Bayan.

PL. 2, f. 15, grand. nat. et gross.

Bayan Et. faii. Coll. Mine pl. 14, f. 1-2.
De Gregorið M⁺ Postale p. 33.

Je rapporte le beau exemplaire, que j'ai sous mes yeux, à l'espèce de Bayan; mais je remains un peu perplexe; car quoique il a une très grande ressemblance avec l'espèce de Bayan, il en a aussi une très grande avec la *Corbis lamellosa* Lam. (Desh. Coq. Paris pl. 14, f. 1-2). Il n'est pas impossible qu'on doit considérer la major comme une phase particulière de developpement de la lamellosa. J'étudierai cette question dans mon prochain ouvrage.

Cardium porulosum Lam.

Desh. Coq. Paris pl. 30, f. 1-2.

Je rapporte à cette espèce un exemplaire qui ressemble à l'espèce di Lamarck ; mais je ne suis pas sûr de son identification, car il est très mal conservé.

Cardium anomale Math.

Var. genuina Schaur.

1870. Fuchs Vicent. p. 30, pl. 7, f. 7-10.
1894. De Gregorio Bassano p. 231.

J'ai en plusieurs exemplaires de cette espèce qui est très caractéristique et très répandue.

Crassatella plumbea (Chemn.) Desh.

1783. *Venus plumbea* Chemn. Nat. v. 19, p. 185, pl. 8.
. . . Deshayes Coq. Paris p. 33, pl. 3, f. 10-11. *Crassetella tumida* Defr. — Deshayes Bassin Paris p. 737.

Je rapporte à cette intéressante espèce un très grand exemplaire, qui a un diamètre emboventral de presque 10 cent. Malgré la ressemblance je ne suis sûr de son identification, car notre exemplaire manque du crochet et par conséquent de la carène.

Crassatella trigonula Fuchs.

Fuchs Vicent. pl. X, f. 15-17.
De Gregorio Foss. Bassano p. 21, pl. 2, f. 66.

Plusieurs beaux exemplaires identiques à ceux de S. Gonini.

Var. subregularis. De Greg.

Fuchs Vicent. pl. X, f. 14 (tantum).

Deux exemplaires correspondant au type de la variété, qui est représenté par la figure de Fuchs.

Crassatella Maninensis De Greg.

Pl. 2, f. 14.

1894. De Greg. Foss. Bassano p. 20, pl. 3, f. 62-64.

Un exemplaire en mauvaise conservation. Il paraît identique à cause de Valle Manin.

Crassatella sinuosa Desh.

Deshayes Coq. pl. 5, f. 8-10.

Je rapporte à cette espèce un exemplaira douteux à cause de sa mauvaise conservation.

Crassatella Carcarensis Michtti

Pl. 2, f. 11.

1894. De Gregorio Foss. Bassano p. 21, pl. 2, f. 67.

L'exemplaire, qui m'a été envoyé par mon ami Balestra, est en meilleur état de conservation que celui figuré dans mon ouvrage cité. Cette espèce diffère de la *Cr. neglecta*, de laquelle est très analogue, à cause de sa forme moins transverse et de sa carène moins marquée.

Cette espèce a beaucoup d'affinité avec la *Cr. plumbea* Chemn. (Deshayes Bassin Paris v. 1. — *Cr. tumida* Defr. in Deshayes Coq. Paris v. 1, pl. 3, f. 10-11) et avec la *Cr. scutellaria* Desh. (Deshayes Coq. Paris pl. 5, f. 1-2). Comme je n'ai pu étudier la charnière, je ne sais pas me prononcer là dessus.

Panopæa declivis Michtti

De Gregorio Foss. Bassano p. 18, pl. 2, f. 50-51.

Un exemplaire en mauvaise conservation.

Pectunculus Lugensis Fuchs.

Fuchs Vicent. p. 66, pl. 11, f. 17-19.

Deux petits exemplaires qui ressemblent beaucoup à l'espèce de Fuchs.

Pectunculus depressus Desh.

Deshayes Coq. Paris pl. 35, p. 12-14.

Je rapporte à cette espèce un exemplaire très douteux.

Nucula sp.

Je rapporte à ce genre quelques exemplaires douteux; je ne puis pas les déterminer et je ne suis pas même sûr de leur genre, car je n'ai pu pas observer la charnière. Il est probable qu'ils doivent appartenir à une espèce très voisine de la *Nuc. Parisiensis* Desh.

Pholadomya subaffinis Schaur.

Pl. 2, f. 19.

Schauroth Coburg p. 217, pl. 21, f. 6.

L'exemplaire de Lavacille que j'ai examiné ressemble beaucoup à celui de Priabona figuré par Schauroth, seulement il a le crochet plus près de l'extrémité. Le subaffinis se retrouve à Priabona.

Var. veretriangularis De Greg.

Pl. 2, f. 18.

Les ornements de la coquille sont les mêmes que dans la subaffinis consistant en des côtes concentriques bien marquées; mais le contour de la coquille est très différent, car le crochet est presque symétrique et la coquille triangulaire.

Lejocidaris itala Laub ?

Dames Ed. Vicent. Ver. pl. 1, f. 8.

C'est avec beaucoup de perplexité que je rapporte certains radioles très allongés, cylindriques à cette espèce de Lonigo.

Flabellum appendiculatum Brongt. sp.

Reuss Pal. Stud. v. 2, pl. 28, f. 1-7.

Quoique dans notre échantillon on ne voit pas les appendices latérales, sa détermination me parait exacte.

Trochosmilia varricosa Reuss ?

Reuss Pal. Stud. v. 2, pl. 17, f. 6.

Je rapporte à cette espèce avec beaucoup de doute un gros fragment qui rappelle les exemplaires de Crosara. Il est en si mauvaise conservation, que toute détermination est très hasardée.

Trochocyathus aequicostatus Schaur.

Pl. 2, f. 8.

Reuss Pal. Stud. v. 2, pl. 27, f. 6.

Notre exemplaire nous rappelle les exemplaires de S. Gonini; mais comme je n'ai pu examiner son calice je ne reste pas sûr de son identification, mais elle est probablement exacte.

Trochocyathus sinuosus Brongt sp.

Pl. 2, f. 9.

Reuss Pal. Stud. v. 2, pl. 27, f. 11.

Notre exemplaire ressemble beaucoup aux exemplaires de S. Gonini avec lesquels je l'ai identifié.

Nummulites Lucasana Defr.

De Gregorio Foss. Mt Postale pl. 5, f. 262.

Quelques petits exemplaires qui ressemblent beaucoup à ceux de Mt Postale.

Nummulites Héberti D'Arch.

De Gregorio Fass. Mt Postale pl. 5, f. 263-264.

Je n'en ai examiné que quelques petits exemplaires très douteux.

EXPLICATION DES PLANCHES

Pl. I.

Fig. 10 Cytherea suberycinoides Desh. p. 16.

Fig. 11 Crassatella carcarensis Michtti p. 18.

Fig. 12 *a b* Cytherea laevigata Lam. var. subsymetrica De Greg. p. 16.

Fig. 13 *a c* Tellina donacilla Lamck. p. 16.

Fig. 14 Crassatella Maninensis De Greg. p. 18.

Fig. 15 *a b* Corbis major Bayan grand. nat. et gross. p. 17.

Fig. 16 Solen plicatus Schaur. var. Lavacillincola De Greg. p. 15.

Fig. 17 „   „   „ var. subregularis De Greg. p. 15.

Fig. 18 Pholadomya subaffinis Schaur. var. subtriangularis De Greg. p. 19.

Fig. 19 Pholadomya subaffinis Schaur. p. 19.

INDEX DES ESPÈCES DÉCRITES OU CITÉES

Phasianella pinea De Greg. 4, 12!
Pleurotoma ligata Edw. 7.
   »   musica De Greg. 7!
   »   obeliscoides Schaur. 8.
   »   euthriaeformis De Grego-
       rio 3, 7!
   »   antalina De Greg. 3, 7!
   »   Id.   var. alariopsis
       De Greg. 3, 7!
   »   iscriptum Schaur. var. mu-
       sica De Greg. 3, 7!
   »   simplex Desh. var. Lava-
       cillensis 3, 8!
   »   fusopsis De Greg. 3, 8!
   »   ambigua Fuchs 3, 8!
   »   attenuata Desh. 3, 8!
Psammobia Lamarcki Desh. 4, 15!
   »   tellinella Desh. 4, 15!
Raphitoma attenuata Desh. 8!
   »   simplex Desh. 8!
   »   fusopsis De Greg. 8!

Rostellaria ampla Brand. 3, 5.
   »   Id.   var. Lavacil-
       lensis 3, 5!
   »   Lavacillensis De Greg. 5!
Solecurtus Deshayesi Desh. 4, 15!
   »   strigilatus Lam. 15.
Solen plicatus Schaur. var. subregula-
       ris De Greg. 4, 15.
   »   Id.   var. Lavacillensis
       De Greg. 4, 15!
   »   Lavacillincola De Greg. 15.
   »   papyracea Desh. 15.
Strombus Lavacillensis De Greg. 5!
Tellina donacilla Lam. 4, 16!
Terebellum sopitum Brand. 4, 11!
Triton bicinctum Desh. 3.
   »   Delbosi Fuchs 4, 10!
   »   Id.   var. subnodulosum
       De Greg. 4, 10.
   »   subnodosum De Greg. 10.

Trochocyathus aequicostatus Schaur. 4,
       19!
   »   sinuosus Brongt sp. 4,
       19!
Trochosmilia varicosa Reuss? 4, 19!
Trochus Lavacillensis De Greg. 4, 14!
   »   carinatus Bors. 14.
Turritella carinifera Desh. 4, 12!
   »   linda De Greg. 4, 12!
   »   asperulata Brongt. 12!
   »   Id.   var. antefuniculata
       De Greg. 4, 12!
   »   subula Desh. 4, 14!
   »   incisa Brongt. 4, 13!
Voluta elevata (Sow.) Edw. 14!
   »   Id.   var. normalis
       De Greg. 4, 14!
   »   imbricata Schaur. 14.
   »   raricostata Schaur. 15.
   »   Suessi Fuchs 14.
Venus plumbea Chemn. 17.

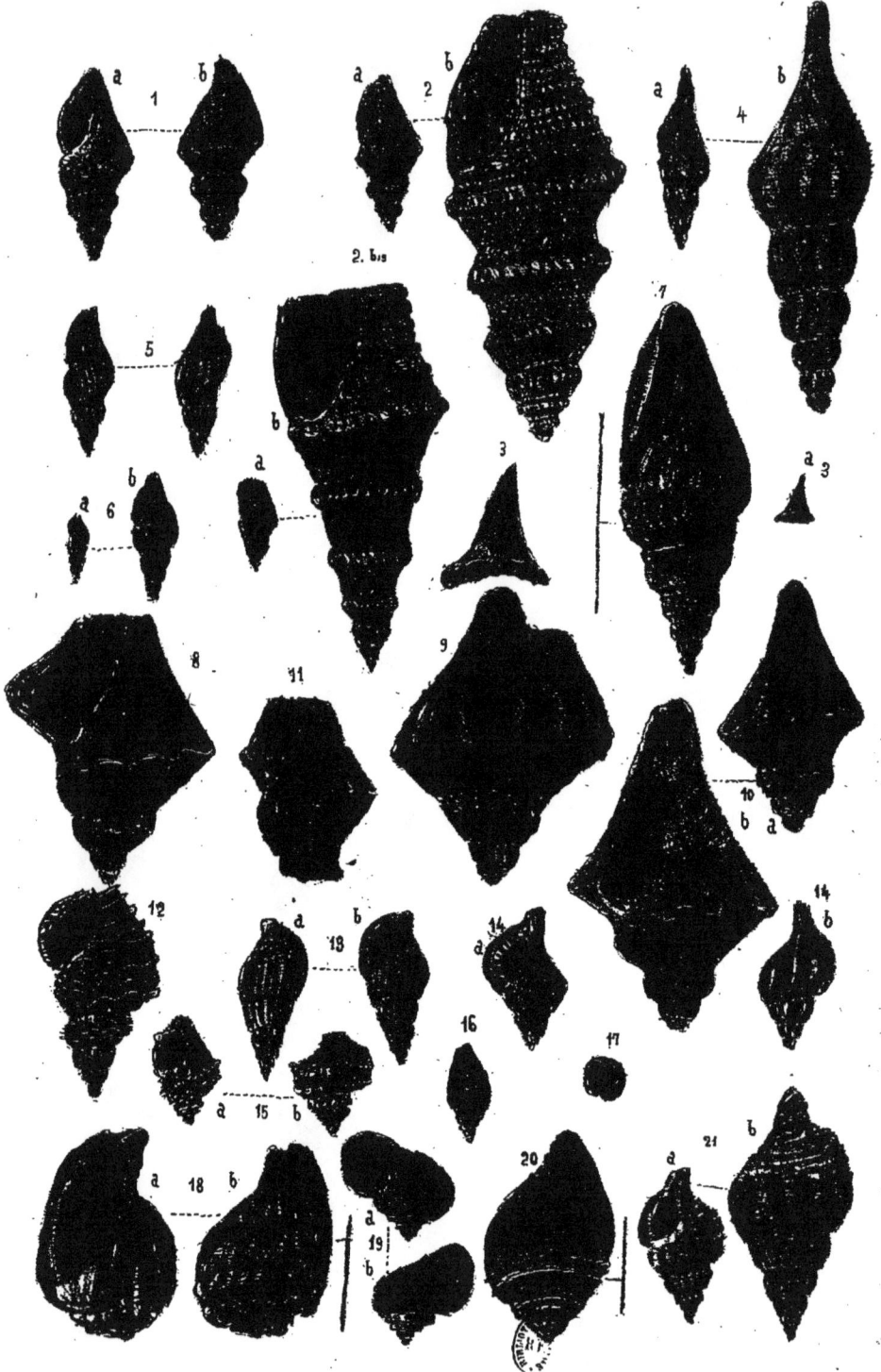

PL. 1.

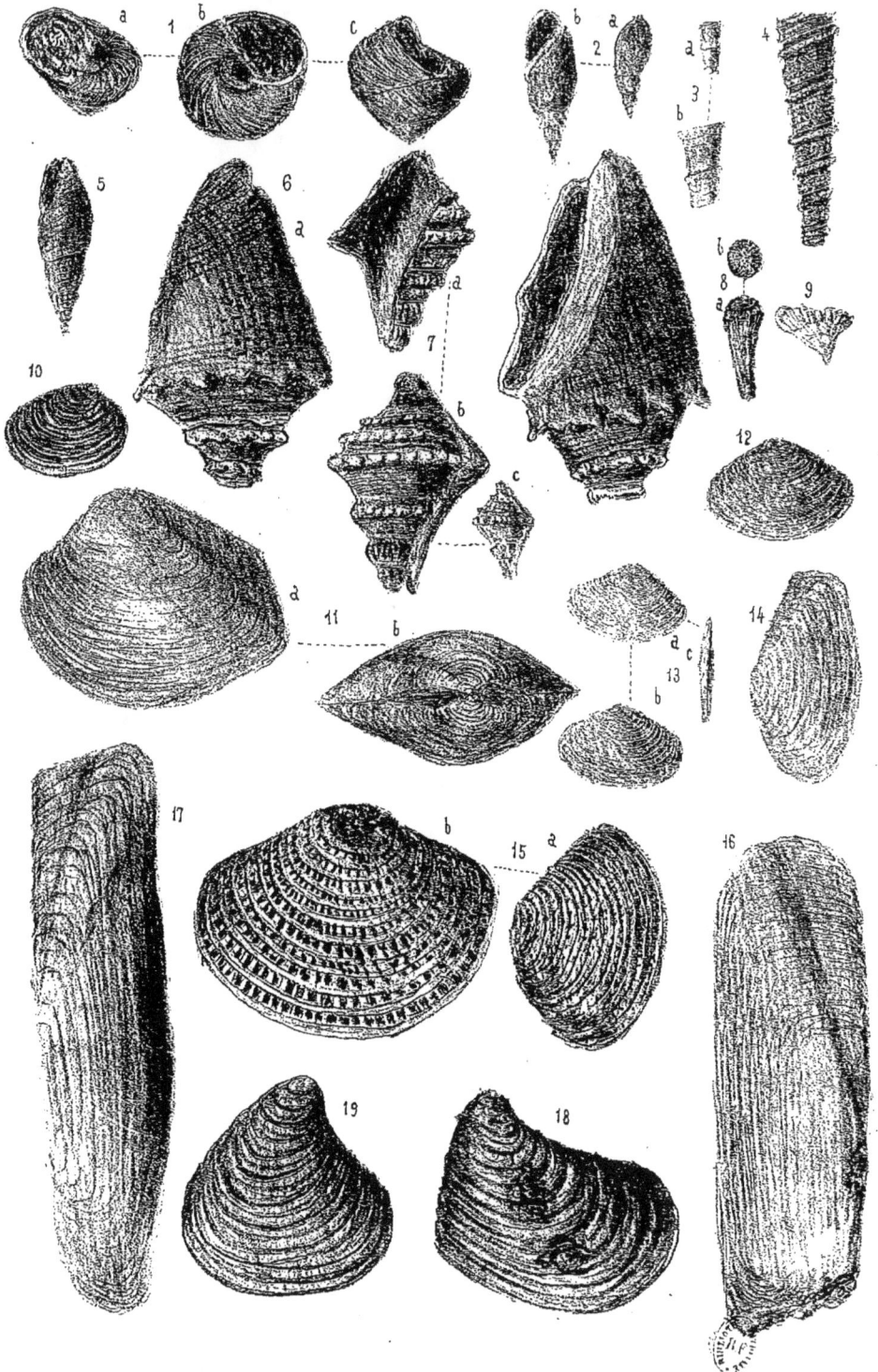

www.ingramcontent.com/pod-product-compliance
Lightning Source LLC
Chambersburg PA
CBHW060505200326
41520CB00017B/4908